DIE VOLLSTÄNDIGE INDUKTION

Geschichte, Grundlagen & Anwendungen

Ein Buch von

MAXIMILIAN WELLNER

INHALTSVERZEICHNIS

1 Einleitung — 6
    1.1 Die vollständige Induktion als Beweisverfahren — 6
    1.2 Die Geschichte der vollständigen Induktion — 6

2 Mathematische Grundlagen — 7
    2.1 Das Summenzeichen — 7
    2.2 Peano-Axiome — 8
        2.2.1 Definition von $\mathbb{N}$ — 8
        2.2.2 Bedeutung für die Mathematik — 9

3 Das Prinzip der vollständigen Induktion — 9
    3.1 Beschreibung des Verfahrens an Hand eines Beispiels — 9
    3.2 Vertiefende Informationen — 11
        3.2.1 Der Beweischarakter der vollständigen Induktion — 11
        3.2.2 Plausibles und demonstratives Schließen — 12

4 Anwendungen der vollständigen Induktion — 12
    4.1 „Der kleine Gauß" — 12
    4.2 Kubiksumme — 14
    4.3 Ableitung einer Exponentialfunktion — 15
    4.4 Bernoullische Ungleichung — 16
    4.5 Endliche geometrische Reihe — 17
    4.6 Die vollständige Induktion in der Geometrie — 18

5 Schlusswort — 20

6 Literaturverzeichnis — 22

1 EINLEITUNG

1.1 Die vollständige Induktion als Beweisverfahren

Häufig wird man In der Mathematik mit Zusammenhängen konfrontiert, die zunächst allgemein gültig erscheinen. Soll der Beweis erbracht werden, dass sich die Summe aufeinanderfolgender natürlicher Zahlen 1 + 2 + 3 + 4 + … + n durch die Formel $\frac{n \cdot (n+1)}{2}$ darstellen lässt, kann dies nicht durch einfaches Einsetzen unterschiedlicher natürlicher Zahlen bewiesen werden. Damit hätte man obige Aussage immer nur für eine endliche Menge bewiesen. Da unendlich viele natürliche Zahlen existieren, ist es nicht möglich, jeden Einzelfall zu beweisen. Um obige Aussage für jedes beliebige n ∈ ℕ zu beweisen, kann die sogenannte vollständige Induktion herangezogen werden.

Unter der vollständigen Induktion versteht man ein mathematisches Beweisverfahren, mit dem eine Aussage für alle natürlichen Zahlen bewiesen wird.

1.2 Die Geschichte der vollständigen Induktion

Die Anfänge der vollständigen Induktion finden sich bereits in der Antike zu Lebzeiten des griechischen Mathematikers Euklid in der von ihm überlieferten pythagoreischen Zahlendefinition, wonach eine Zahl „[…] die aus Einheiten zusammengesetzte Menge" (Thaer, Die Elemente: Von Euklid, S. 141) ist. Die Mathematiker zu dieser Zeit gaben sich allerdings mit einfachen, induktiven Beweisen zufrieden. Der Universalgelehrte Franciscus Maurolicus führte im Jahr 1575 erstmals eine vollständige Induktion durch, den Beweis der „Summe ungerader Zahlen". Blaise Pascal formulierte im 17. Jahrhundert das allgemeine Induktionsprinzip und der deutsche Mathematiker Richard Dedekind prägte 1888 den Begriff der „vollständigen Induktion". Nur ein Jahr später leitete Giuseppe Peano die gesamte Arithmetik aus seinen Axiomen her und zeigte damit die grundlegende Bedeutung der vollständigen Induktion.

2 MATHEMATISCHE GRUNDLAGEN

2.1 Das Summenzeichen

Um Summen wie 1 + 2 + 3 + ... + n kürzer darzustellen, wird als mathematisches Hilfsmittel das sogenannte Summenzeichen verwendet, das durch ein großes griechisches Sigma dargestellt wird. Zum Summenzeichen gehört neben einer Laufvariablen k, der ein Startwert zugewiesen ist, und einem Endwert n, der oberhalb des Sigmas steht, auch die Funktion bezüglich der Laufvariablen f(k), die direkt hinter dem Sigma steht. In f(k) wird k wiederholt eingesetzt bis der angegebene Endwert erreicht ist, wobei sich k bei jedem Durchgang um 1 erhöht. Die Ergebnisse der Funktion werden anschließend hintereinander aufsummiert.

Beispiel 1:

Im Folgenden ist die Summe 1 + 2 + 3 + 4 + 5 durch das Summenzeichen dargestellt:

$$\sum_{k=1}^{5} k = 1 + 2 + 3 + 4 + 5 = 15$$

Soll jedes beliebige $n \in \mathbb{N}$ hintereinander aufsummiert werden, gilt:

$$\sum_{k=1}^{n} k = 1 + 2 + 3 + ... + n$$

Beispiel 2:

Werden die Zahlen von 1 bis 5 quadriert und anschließend aufsummiert, so lautet die Funktion $f(k) = k^2$. Damit gilt:

$$\sum_{k=1}^{5} k^2 = 1^2 + 2^2 + 3^2 + 4^2 + 5^2 = 1 + 4 + 9 + 16 + 25 = 55$$

2.2 Peano-Axiome

2.2.1 Definition von $\mathbb{N}$

Die natürlichen Zahlen $\mathbb{N}$ gehören zu den Grundbausteinen der Mathematik. Auch wenn es trivial erscheint, müssen sie dennoch eindeutig definiert werden.

Der italienische Mathematiker Giuseppe Peano veröffentlichte 1889 sein Axiomensystem zur Definition der natürlichen Zahlen.

Dabei muss allerdings beachtet werden, dass die 0 nicht einheitlich als $\in \mathbb{N}$ definiert ist und deshalb keine allgemein gültige Definition existiert, ob die 0 als $\in \mathbb{N}$ gezählt werden kann. Im Rahmen dieser Arbeit wird die 0 nicht weiter als ein Element der Menge der natürlichen Zahlen betrachtet.

<u>Die 5 Peano-Axiome:</u>

1: 1 ist eine natürliche Zahl

2: Jede natürliche Zahl n hat eine natürliche Zahl n´ als Nachfolger

3: 1 ist kein Nachfolger einer natürlichen Zahl

4: Natürliche Zahlen mit gleichem Nachfolger sind gleich

5: Wenn eine Menge die Zahl 1 enthält, und mit jeder natürlichen Zahl auch deren Nachfolger, so enthält sie jede natürliche Zahl

---

Das 5. Axiom wird häufig Induktionsaxiom genannt, da auf diesem das Beweisprinzip der vollständigen Induktion beruht. Deshalb beschränkt sich die Anwendung der vollständigen Induktion auf die Menge der natürlichen Zahlen.

2.2.2 Bedeutung für die Mathematik

Als Axiom bezeichnet man im Allgemeinen eine angenommene und nicht beweisbare Aussage beziehungsweise einen Grundsatz, der nicht weiter belegt werden kann. Ein Axiomensystem darf in sich keine Widersprüche enthalten und es muss vollständig vorliegen, damit die zuvor aufgestellte Theorie herleitbar ist.

Da die peanoschen Axiome die Menge der natürlichen Zahlen definieren, sind sie von fundamentaler Bedeutung in der Mathematik, so auch für die vollständige Induktion.

3 DAS PRINZIP DER VOLLSTÄNDIGEN INDUKTION

3.1 Beschreibung an Hand eines Beispiels

Es soll bewiesen werden, dass die Summe aufeinanderfolgender, ungerader, natürlicher Zahlen $1 + 3 + 5 + ... + (2n-1) = \sum_{k=1}^{n}(2k-1)$ immer genau n^2 ist.

Angenommen n = 2, dann folgt: (I) $\sum_{k=1}^{2}(2k-1) = (2 \cdot 1-1) + (2 \cdot 2-1) = 1 + 3 = 4$

(II) $2^2 = 4$

Da (I) = (II) gilt, wurde bewiesen, dass obige Aussage für n = 2 erfüllt ist. Wird dieser Vorgang für weitere n ∈ ℕ durchgeführt, was in Abbildung 1 grafisch veranschaulicht wird, ist die Aussage weiterhin gültig und es liegt nahe, dass sie für jedes beliebige n ∈ ℕ erfüllt ist.

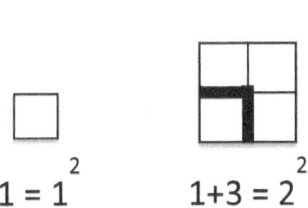
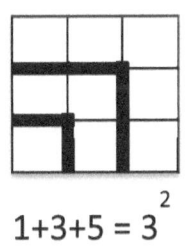
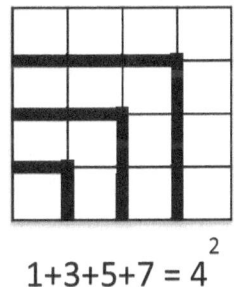

$1 = 1^2 \qquad 1+3 = 2^2 \qquad 1+3+5 = 3^2 \qquad 1+3+5+7 = 4^2$

Abb. 1: Grafische Veranschaulichung der Summe ungerader Zahlen

Die Aussage, dass $\sum_{k=1}^{n}(2k-1) = n^2$ für jede beliebige natürliche Zahl gilt, wird jetzt mit Hilfe der vollständigen Induktion bewiesen.

Begonnen wird mit dem Induktionsanfang, gefolgt vom Induktionsschritt, der sich in Voraussetzung, Behauptung und Schluss gliedert.

Die zu beweisende Aussage lautet:
$$\sum_{k=1}^{n}(2k-1) = n^2$$

Induktionsanfang:

Der Induktionsanfang zeigt, dass eine Aussage für ein bestimmtes n ∈ ℕ gilt. Der Einfachheit wegen wird meistens die kleinste Zahl, für die eine Aussage bewiesen werden soll, gewählt. Für obige Aussage wird der Induktionsanfang daher für n = 1 durchgeführt:

$$\sum_{k=1}^{1}(2k-1) = 2 \cdot 1 - 1 = 1 = 1^2$$

Induktionsschritt:

Induktionsvoraussetzung:

Es wird angenommen, dass für ein beliebiges n ∈ ℕ gilt:

$$\sum_{k=1}^{n}(2k-1) = n^2$$

Induktionsbehauptung:

Es wird behauptet, dass die Aussage auch für den Nachfolger von n, also n + 1, gilt. Infolgedessen muss für jedes n in der zu beweisenden Aussage n + 1 eingesetzt werden:

$$\sum_{k=1}^{n+1}(2k-1) = (n+1)^2$$

Induktionsschluss:

Entscheidend ist nun der Beweis der Behauptung. Es muss durch geschickte Umformungen gezeigt werden, dass die Induktionsbehauptung aus der Induktionsvoraussetzung folgt.

In einer Gleichung setzt man hier auf der linken Seite die Induktionsbehauptung ein und auf der rechten Seite die zu beweisende Summenformel $\sum_{k=1}^{n}(2k-1)$, zu der das nachfolgende Glied, in diesem Fall die nachfolgende ungerade Zahl 2n − 1, addiert wird, wobei n = n + 1 gilt:

$$\sum_{k=1}^{n+1}(2k-1) = \sum_{k=1}^{n}(2k-1) + (2(n+1)-1)$$

$$= \sum_{k=1}^{n}(2k-1) + 2n + 1$$

Als Nächstes wird die Induktionsvoraussetzung eingesetzt, nach der $\sum_{k=1}^{n}(2k-1)$ gleich n^2 ist:

$$= n^2 + 2n + 1$$

Durch Anwendung der 1. binomischen Formel folgt:

$$n^2 + 2n + 1 = (n+1)^2 \qquad \text{q.e.d.}$$

Da $(n+1)^2$ der Induktionsbehauptung entspricht, wurde bewiesen, dass die Formel $\sum_{k=1}^{n}(2k-1) = n^2$ für jedes beliebige $n \in \mathbb{N}$ gilt.

3.2 Vertiefende Informationen

3.2.1 Der Beweischarakter der vollständigen Induktion

Wird nur der Induktionsanfang oder der Induktionsschritt durchgeführt, so reicht dies nicht aus, um einen Beweis zu erbringen. Nachfolgend wird dieser strenge Beweischarakter gezeigt an Hand der Aussage „$\frac{n^4+2}{3}$ ist immer eine natürliche Zahl":

<u>Induktionsanfang:</u>

Für n = 1 gilt: $\qquad \frac{1^4+2}{3} = 1$

Für n = 4 gilt: $\qquad \frac{4^4+2}{3} = \frac{258}{3} = 86$

Für n = 5 gilt: $\qquad \frac{5^4+2}{3} = \frac{627}{3} = 209$

Für n = 8 gilt: $\qquad \frac{8^4+2}{3} = \frac{4098}{3} = 1366$

Wird der Induktionsanfang stichprobenartig für 1, 4, 5, und 8 durchgeführt, so ist die obige Aussage erfüllt. Damit ist allerdings kein Beweis erbracht, dass diese Aussage für jedes beliebige n ∈ ℕ erfüllt ist, denn n = 3 widerlegt obige Aussage:

$$\frac{3^4+2}{3} = \frac{83}{3} = 27,\overline{6}$$

Bereits dieses einfache Beispiel zeigt, dass die Formalitäten der vollständigen Induktion exakt einzuhalten sind und somit immer beides, Induktionsanfang und Induktionsschritt durchgeführt werden müssen.

3.2.2 Plausibles und demonstratives Schließen

Unter einem Beweis versteht man das Ergebnis eines Schlusses. Grundsätzlich unterscheidet man zwischen plausiblem Schließen, der Induktion, und demonstrativem Schließen, der Deduktion. Die Induktion, die unter anderem bei den Naturwissenschaften Verwendung findet, indem man neue Aussagen aufgrund von empirischen Beobachtungen formt, ist der Übergang vom Speziellen zum Allgemeinen, wohingegen die Deduktion der Übergang vom Allgemeinen zum Speziellen ist. Obwohl viele Erkenntnisse und Vermutungen in der Mathematik induktiv gewonnen werden, „[…] gilt die Mathematik schon von alters her als klassisches Beispiel der Anwendung rein deduktiver Methoden, weil hierbei – ob ausgesprochen oder nicht – stets die Auffassung besteht, daß sich alle mathematischen Sätze (Außer den Grundannahmen, den Axiomen beweisen lassen und daß die konkreten Anwendungen dieser Sätze aus den auf die allgemeinen Fälle zugeschnittenen Beweisen hergeleitet, deduziert werden" (Sominskij, Die vollständige Induktion, S. 143). Folglich ist die vollständige Induktion, auch wenn der Begriff es anders vermuten lässt, ein deduktives Schlussverfahren.

4 ANWENDUNGEN

4.1 „Der kleine Gauß"

„Der kleine Gauß", der Begriff kommt daher, dass der deutsche Mathematiker Carl Friedrich Gauß bereits im Alter von 9 Jahren mit Hilfe der Formel $\frac{n \cdot (n+1)}{2}$ die Summe der ersten 100 natürlichen Zahlen sofort angeben konnte, ermöglicht die Berechnung der Summe der ersten $n \in \mathbb{N}$. Nun wird der Beweis der Aussage, dass $\sum_{k=1}^{n} k = \frac{n \cdot (n+1)}{2}$ für jedes beliebige $n \in \mathbb{N}$ gilt, per vollständiger Induktion erbracht:

Induktionsanfang:

Für n = 1 gilt:
$$\sum_{k=1}^{1} k = 1 = \frac{1\cdot(1+1)}{2}$$

Induktionsschritt:

Induktionsvoraussetzung:

Für ein beliebiges n ∈ ℕ gilt:
$$\sum_{k=1}^{n} k = \frac{n\cdot(n+1)}{2}$$

Induktionsbehauptung:

Für n = n + 1 gilt:
$$\sum_{k=1}^{n+1} k = \frac{(n+1)\cdot((n+1)+1)}{2}$$

Induktionsschluss:

$$\sum_{k=1}^{n+1} k = \sum_{k=1}^{n} k + n + 1$$

Einsetzen der Induktionsvoraussetzung:

$$= \frac{n\cdot(n+1)}{2} + n + 1$$

Damit lautet die zu beweisende Gleichung:

$$\frac{(n+1)\cdot((n+1)+1)}{2} = \frac{n\cdot(n+1)}{2} + n + 1$$

(I) Linke Seite:

$$\frac{(n+1)\cdot((n+1)+1)}{2} = \frac{(n+1)\cdot(n+2)}{2}$$

(II) Rechte Seite:

$$\frac{n\cdot(n+1)}{2} + n + 1 = \frac{n\cdot(n+1)+2\cdot(n+1)}{2} = \frac{(n+1)\cdot(n+2)}{2}$$ q.e.d.

Da nun (I) = (II) gilt, wurde bewiesen, dass $\sum_{k=1}^{n} k = \frac{n\cdot(n+1)}{2}$ für jedes beliebige n ∈ ℕ gültig ist.

4.2 Kubiksumme

Mit der Formel $\frac{n^2 \cdot (n+1)^2}{4}$ lässt sich die sogenannte Kubiksumme, also die Summe der Kuben aufeinanderfolgender natürlicher Zahlen $1^3 + 2^3 + 3^3 + ... + n^3$ darstellen.

Es soll der Beweis der Aussage, dass $1^3 + 2^3 + 3^3 + ... + n^3 = \sum_{k=1}^{n} k^3 = \frac{n^2 \cdot (n+1)^2}{4}$ für jedes beliebige $n \in \mathbb{N}$ gilt, erbracht werden:

Induktionsanfang:

Für n = 1 gilt:
$$\sum_{k=1}^{n} 1^3 = 1^3 = 1 = \frac{1^2 \cdot (1+1)^2}{4}$$

Induktionsschritt:

Induktionsvoraussetzung:

Für ein beliebiges $n \in \mathbb{N}$ gilt:
$$\sum_{k=1}^{n} k^3 = \frac{n^2 \cdot (n+1)^2}{4}$$

Induktionsbehauptung:

Für n = n + 1 gilt:
$$\sum_{k=1}^{n+1} k^3 = \frac{(n+1)^2 \cdot ((n+1)+1)^2}{4}$$

Induktionsschluss:
$$\sum_{k=1}^{n+1} k^3 = \sum_{k=1}^{n} k^3 + (n+1)^3$$

Einsetzen der Induktionsvoraussetzung:
$$= \frac{n^2 \cdot (n+1)^2}{4} + (n+1)^3$$

Damit lautet die zu beweisende Gleichung:
$$\frac{(n+1)^2 \cdot ((n+1)+1)^2}{4} = \frac{n^2 \cdot (n+1)^2}{4} + (n+1)^3$$

(I) Linke Seite:

$\frac{(n+1)^2 \cdot ((n+1)+1)^2}{4} = \frac{(n+1)^2 \cdot (n+2)^2}{4}$

(II) Rechte Seite:

$$\frac{n^2 \cdot (n+1)^2}{4} + (n+1)^3 = \frac{n^2 \cdot (n+1)^2 + (n+1)^3 \cdot 4}{4} = \frac{(n+1)^2 \cdot (n^2 + (n+1) \cdot 4)}{4} = \frac{(n+1)^2 \cdot (n^2 + 4n + 4)}{4} =$$

$$= \frac{(n+1)^2 \cdot (n+2)^2}{4}$$
q.e.d.

Da nun (I) = (II) gilt, wurde bewiesen, dass $\sum_{k=1}^{n} k^3 = \frac{n^2 \cdot (n+1)^2}{4}$ für jedes beliebige n ∈ ℕ gültig ist.

<u>Anmerkung:</u>

Aus dem Vergleich mit dem „kleinen Gauß" ergibt sich eine unerwartete Erkenntnis: Die Summe $\sum_{k=1}^{n} k^3$ ist das Quadrat der Summe der natürlichen Zahlen bis n.

Folglich gilt: $\sum_{k=1}^{n} k^3 = \frac{n^2 \cdot (n+1)^2}{4} = (1 + 2 + 3 + \ldots n)^2$

4.3 Ableitung einer Exponentialfunktion

Es soll bewiesen werden, dass die n-te Ableitung einer Funktion $f(x) = \frac{1}{ax+b}$ für jedes beliebige n ∈ ℕ immer $f^{(n)}(x) = (-1)^n \cdot \frac{a^n \cdot n!}{(ax+b)^{n+1}}$ ist:

<u>Induktionsanfang:</u>

Für n = 1 gilt: $\qquad f^{(1)}(x) = (-1)^1 \cdot \frac{a^1 \cdot 1!}{(ax+b)^{1+1}} = -\frac{a}{(ax+b)^2} = f'(x)$

<u>Induktionsschritt:</u>

<u>Induktionsvoraussetzung:</u>

Für ein beliebiges n ∈ ℕ gilt:

$$f^{(n)}(x) = (-1)^n \cdot \frac{a^n \cdot n!}{(ax+b)^{n+1}}$$

<u>Induktionsbehauptung:</u>

Für n = n + 1 gilt:

$$f^{(n+1)}(x) = (-1)^{n+1} \cdot \frac{a^{n+1} \cdot (n+1)!}{(ax+b)^{(n+1)+1}}$$

Induktionsschluss:

$$f^{(n+1)}(x) = [f^{(n)}(x)]'$$

Einsetzen der Induktionsvoraussetzung:

$$= \left[(-1)^n \cdot \frac{a^n \cdot n!}{(ax+b)^{n+1}}\right]'$$

Damit lautet die zu beweisende Gleichung:

$$(-1)^{n+1} \cdot \frac{a^{n+1} \cdot (n+1)!}{(ax+b)^{(n+1)+1}} = \left[(-1)^n \cdot \frac{a^n \cdot n!}{(ax+b)^{n+1}}\right]'$$

(I) Linke Seite:

$$(-1)^{n+1} \cdot \frac{a^{n+1} \cdot (n+1)!}{(ax+b)^{(n+1)+1}} = (-1)^{n+1} \cdot \frac{a^{n+1} \cdot (n+1)!}{(ax+b)^{n+2}}$$

(II) Rechte Seite:

$$\left[(-1)^n \cdot \frac{a^n \cdot n!}{(ax+b)^{n+1}}\right]' = (-1)^n \cdot a^n \cdot n! \cdot (-n-1) \cdot (ax+b)^{-n-2} \cdot a =$$

$$= (-1)^{n+1} \cdot a^{n+1} \cdot n! \cdot (n+1) \cdot (ax+b)^{-n-2} = (-1)^{n+1} \cdot \frac{a^{n+1} \cdot (n+1)!}{(ax+b)^{n+2}}$$ q.e.d.

Da nun (I) = (II) gilt, wurde bewiesen, dass die Formel für die n-te Ableitung $f^{(n)}(x) = (-1)^n \cdot \frac{a^n \cdot n!}{(ax+b)^{n+1}}$ einer Funktion $f(x) = \frac{1}{ax+b}$ für jedes beliebige $n \in \mathbb{N}$ gilt.

4.4 Bernoullische Ungleichung

Mit Hilfe der bernoullischen Ungleichung $(1 + x)^n \geq 1 + n \cdot x$, wobei $x \geq -1$, benannt nach dem Schweizer Mathematiker Jakob Bernoulli, lässt sich eine Potenzfunktion nach unten abschätzen. Die Gültigkeit dieser Formel für jedes beliebige $n \in \mathbb{N}$ soll durch die vollständige Induktion bewiesen werden:

Induktionsanfang:

Für n = 1 gilt: $\qquad (1 + x)^1 = 1 + x = 1 + 1 \cdot x$

Induktionsschritt:

Induktionsvoraussetzung:

Für ein beliebiges $n \in \mathbb{N}$ gilt:

$$(1 + x)^n \geq 1 + n \cdot x$$

Induktionsbehauptung:

Für n = n + 1 gilt:

$$(1 + x)^{n+1} \geq 1 + (n + 1) \cdot x$$

Induktionsschluss:

$$(1 + x)^{n+1} = (1 + x)^n \cdot (1 + x)$$

Nach Einsetzen der Induktionsvoraussetzung lautet die zu beweisende Gleichung:

$$(1 + x)^{n+1} = (1 + nx) \cdot (1 + x)$$

(I) Rechte Seite:

$(1 + nx) \cdot (1 + x) = 1 + x + nx + nx^2 \geq 1 + nx$ \hfill q.e.d.

Da (I) der Induktionsbehauptung entspricht, wurde bewiesen, dass $(1 + x)^n \geq 1 + n \cdot x$ für jedes beliebige n ∈ ℕ gilt.

4.5 Endliche geometrische Reihe

Es soll der Beweis der Aussage, dass die endliche geometrische Reihe $\sum_{k=1}^{n} aq^{k-1}$ für jedes beliebige n ∈ ℕ durch die Formel $\frac{1-q^n}{1-q} \cdot a$ dargestellt werden kann, erbracht werden:

Induktionsanfang:

Für n = 1 gilt:
$$\sum_{k=1}^{1} aq^{k-1} = aq^0 = a = \frac{1-q^1}{1-q} \cdot a$$

Induktionsschritt:

Induktionsvoraussetzung:

Für ein beliebiges n ∈ ℕ gilt:

$$\sum_{k=1}^{n} aq^{k-1} = \frac{1-q^n}{1-q} \cdot a$$

Induktionsbehauptung:

Für n = n + 1 gilt:

$$\sum_{k=1}^{n+1} aq^{k-1} = \frac{1-q^{n+1}}{1-q} \cdot a$$

Induktionsschluss:

$$\sum_{k=1}^{n+1} aq^{k-1} = \sum_{k=1}^{n} aq^{k-1} + aq^{(n+1)-1}$$

Einsetzen der Induktionsvoraussetzung:

$$= \frac{1-q^n}{1-q} \cdot a + aq^n$$

Damit lautet die zu beweisende Gleichung:

$$\frac{1-q^{n+1}}{1-q} \cdot a = \frac{1-q^n}{1-q} \cdot a + aq^n$$

(I) Rechte Seite:

$$\frac{1-q^n}{1-q} \cdot a + aq^n = a\left[\frac{1-q^n}{1-q} + \frac{q^n \cdot (1-q)}{1-q}\right] = a\left[\frac{1-q^n}{1-q} + \frac{q^n \cdot (1-q)}{1-q}\right] = a \cdot \frac{1-q^n+q^n-q^{n+1}}{1-q} = a \cdot \frac{1-q^{n+1}}{1-q}$$

q.e.d.

Da (I) der Induktionsbehauptung entspricht, wurde bewiesen, dass $\sum_{k=1}^{n} aq^{k-1} = \frac{1-q^n}{1-q} \cdot a$ für jedes beliebige n ∈ ℕ gilt.

4.6 Die vollständige Induktion in der Geometrie

Vorbemerkung: Unter einem ebenen, konvexen n-Eck versteht man eine geradlinig begrenzte ebene Figur mit der Eigenschaft, dass die Verbindungsstrecke zweier beliebiger Punkte des Vielecks stets vollständig innerhalb der Figur verläuft.

Es soll bewiesen werden, dass die Anzahl der Diagonalen in einem ebenen, konvexen n-Eck mit Hilfe der Formel $\frac{n \cdot (n-3)}{2}$ berechnet werden kann.

Induktionsanfang:

Der Induktionsanfang ist erst ab n = 3 sinnvoll.

Für die Anzahl der Diagonalen in einem Dreieck gilt: $\frac{3 \cdot (3-3)}{2} = 0$

In einem Viereck gilt: $\frac{4 \cdot (4-3)}{2} = 2$

Induktionsschritt:

Induktionsvoraussetzung:

Für die Anzahl der Diagonalen in einem beliebigen n-Eck gilt: $\frac{n \cdot (n-3)}{2}$

Induktionsbehauptung:

Ein konvexes Vieleck mit (n+1) Ecken entsteht aus einem konvexen n-Eck, indem eine zusätzliche Ecke hinzukommt. Folglich gilt hier für die Anzahl der Diagonalen:

$$\frac{(n+1) \cdot ((n+1)-3)}{2} = \frac{(n+1) \cdot (n-2)}{2}$$

Induktionsschluss:

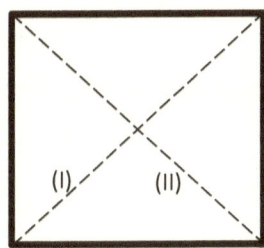 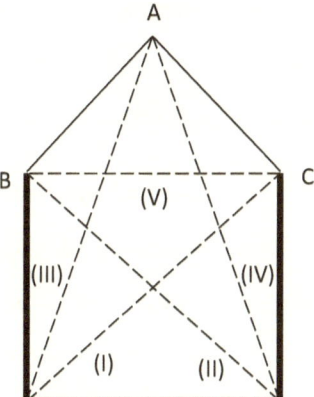

Abb. 2: Übergang von einem 4-Eck zu einem 5-Eck

In Abbildung 2 entsteht aus einem 4-Eck ein 5-Eck, indem eine neue Ecke A hinzukommt. Diese zusätzliche Ecke A des konvexen (4+1)-Ecks kann mit jeder Ecke verbunden werden, außer mit sich selbst. Die Verbindungen [AB] und [AC] sind allerdings keine Diagonalen. Es können also allgemein (n+1) – 3 neue Diagonalen gezeichnet werden. Für n = 4 gilt im obigen Beispiel folglich (4+1) – 3 = 2, womit die beiden neuen Diagonalen (III) und (IV) gemeint sind. Zusätzlich können beide Nachbarecken B und C durch eine neue Diagonale (V) verbunden werden.

Folglich entstehen bei einem Übergang von einem n-Eck zu einem (n+1)-Eck (n+1) – 3 + 1 = n – 1 neue Diagonalen.

Damit lautet die zu beweisende Gleichung:

$$\frac{(n+1) \cdot (n-2)}{2} = \frac{n \cdot (n-3)}{2} + n - 1$$

(I) Rechte Seite:

$$\frac{n \cdot (n-3)}{2} + n - 1 = \frac{n^2 - 3n + 2n - 2}{2} = \frac{n^2 - n - 2}{2} = \frac{(n+1) \cdot (n-2)}{2} \qquad \text{q.e.d.}$$

Da (I) der Induktionsbehauptung entspricht, wurde bewiesen, dass die Anzahl der Diagonalen in einem ebenen konvexen n-Eck mit der Formel $\frac{n \cdot (n-3)}{2}$ berechnet werden kann.

5 SCHLUSSWORT

Neben der hier vorgestellten vollständigen Induktion existieren weitere Varianten. Bei der transfiniten Induktion wird das Beweisverfahren der vollständigen Induktion, die auf Beweise von Aussagen für Elemente der Menge ℕ begrenzt ist, auf weitere Mengen verallgemeinert.

In der Informatik werden bestimmte Objekte nach dem Schema der vollständigen Induktion definiert. Dabei wird zunächst definiert, wie die einfachste Version des Objekts aussieht (Induktionsanfang). Anschließend gibt man an, wie aus der Kombination dieser einfachen Objekte komplexere Objekte aufgebaut werden können (Induktionsschritt). Dieses Verfahren wird induktive Definition genannt. Soll etwas über derartige Objekte bewiesen werden, wird der Beweis durch eine abgewandelte Form der vollständigen Induktion, nämlich durch die strukturelle Induktion, erbracht.

Das Beweisverfahren der vollständigen Induktion ist in vielen Fällen hilfreich, hat aber seine Grenzen. Eine Formel kann damit zwar bewiesen, allerdings nicht hergeleitet werden. Die vollständige Induktion gibt keine Auskunft über den Ursprung einer Formel. „Induktion [Die vollständige Induktion] ist damit wie eine Krücke: Wenn man nichts anderes zur Verfügung hat (also keinen anderen Beweis findet), ist sie sehr nützlich. Aber besser ist es, wenn man ohne sie auskommt." (Grieser, Mathematisches Problemlösen und Beweisen: Eine Entdeckungsreise in die Mathematik, S. 57).

Stehen also neben der vollständigen Induktion andere Beweisverfahren zur Verfügung, so sind diese meist zu bevorzugen.

6 LITERATURVERZEICHNIS

- Arens, T., Hettlich, F., Karpfinger, C., Kockelkorn, U., Lichtenegger, K., Stachel, H., Mathematik, Heidelberg, Spektrum Akademischer Verlag, 2008

- Bärwolff, G., Höhere Mathematik: Für Naturwissenschaftler und Ingenieure, 2. Auflage, München, Spektrum Akademischer Verlag, 2006

- Bell, E. T., Die großen Mathematiker, Düsseldorf und Wien, Econ-Verlag, 1967

- Dieudonné, J., Geschichten der Mathematik: 1700 - 1900, Braunschweig, Vieweg & Sohn, 1985

- Goebbels, S., Ritter, S., Mathematik verstehen und anwenden: Von den Grundlagen bis zu Fourier-Reihen und Laplace-Transformation, Heidelberg, Spektrum Akademischer Verlag, 2011

- Grieser, D., Mathematisches Problemlösen und Beweisen: Eine Entdeckungsreise in die Mathematik, Wiesbaden, Springer Fachmedien, 2013

- Kropp, G., Vorlesungen über Geschichte der Mathematik, Mannheim, Bibliographisches Institut, 1969

- Mittelstraß, J., Enzyklopädie: Philosophie und Wissenschaftstheorie Band 2, Mannheim, Bibliographisches Institut, 1984

- Naas, J., Schmid, H. L., Mathematisches Wörterbuch: Band II, 3. Auflage, Stuttgart, B. G. Teubner Verlagsgesellschaft, 1961

- Scharlau, W. (Hrsg.), Richard Dedekind: Würdigung zu seinem 150. Geburtstag, Braunschweig, Vieweg & Sohn, 1981

- Schöning, U., Kestler, H. A., Mathe-Toolbox: Mathematische Notationen, Grundbegriffe und Beweismethoden, Berlin, Lehmanns Media, 2010

- Sominskij, I. S., Golovina, L. I., Jaglom, I. M., Die vollständige Induktion, Berlin, Deutscher Verlag der Wissenschaften, 1991

- Thaer, C. (Hrsg.), Die Elemente: Von Euklid, 4. Auflage, Frankfurt am Main, Verlag Harri Deutsch, 2003

- Walter, W., Analysis 1, Heidelberg, Springer Verlag, 2004

- Walz, G., Lexikon der Mathematik: in sechs Bänden, Heidelberg, Spektrum Akademischer Verlag, 2002

- Walz, G., Mathematik: Für Fachhochschule, Duale Hochschule und Berufsakademie, Heidelberg, Spektrum Akademischer Verlag, 2011

www.ingramcontent.com/pod-product-compliance
Lightning Source LLC
Chambersburg PA
CBHW031523210526
45464CB00007B/3012